我的家在中國・湖海之旅④

人文風景
魔法盒 西湖

檀傳寶◎主編　陳苗苗◎編著

中華教育

是誰幫助西湖慢慢成長為「有文化的漂亮姑娘」？乾隆皇帝穿越到過去尋找答案，你也跟去一起看看吧！

雷峯塔

與蘇東坡一起在蘇堤跑步

與梁山伯、祝英台合奏一曲《梁祝》

到岳王廟給岳飛獻花

給斷橋相會的許仙、白娘子畫畫

目錄

馬可·波羅開眼界

馬尾上的杭州

右邊這幅圖就是著名的「飛馬亞洲地圖」。

16 世紀的西方人用一匹馬的形狀勾勒出亞洲版圖，馬首是小亞細亞，後頜是亞美尼亞，頸部是西亞，從後腰到右後腿是印度，左後腿是馬來半島。

找不到中國？當然！應該找 Quinsay，它在馬尾巴上！

Quinsay 是甚麼意思？研究蒙元史的人都知道，它指的是杭州。Quinsay 是「行在」的音譯，指皇帝朝廷所在並執行首都職能的地方。北宋滅亡後，南宋為顯示恢復故土的決心，將都城杭州稱為「行在」。到了元代，這仍是杭州常用的名稱。

16 世紀的西方人為甚麼會用杭州來代表中國呢？

這裏就不能不提到一個人，他就是馬可·波羅。商人、官員、遊客、冒險家、語言天才、說故事的人……幾乎你要甚麼身份，馬可·波羅都有！

時光回到 13 世紀，意大利人馬可·波羅踏上中國的土地，並把旅行見聞寫成一部《馬可·波羅遊記》。遊記中，馬可·波羅讚美杭州是「Heaven City（天堂之城）」，描寫它的篇幅甚至超過了當時的大都北京，而對杭州的描寫又集中在西湖身上。

馬可·波羅的生花妙筆讓西方人激動萬分，恨不得插上翅膀飛到杭州去，親眼看一看西湖雲水。

馬可·波羅為甚麼這麼有說服力呢？

其中一個原因是他來自於世界上最美麗的水城——威尼斯。

所以，一個威尼斯遊客竟然津津樂道說他看到了「Heaven City」，他在那裏大開眼界、流連

忘返。這實在是太有說服力了!

　　《馬可‧波羅遊記》成為歐洲暢銷書,受其影響,杭州成為西方製圖專家非常看重的中國城市,如果只標出很少的中國地名,一定有 Quinsay,甚至只標出 Quinsay。這也是「飛馬亞洲地圖」用 Quinsay 代表中國的原因。

馬可‧波羅出生於威尼斯商人家庭，他的父親經常來中國，常給馬可‧波羅講中國旅行的故事。這些故事激發了馬可‧波羅對中國的無限嚮往，他下定決心要跟父親到中國去。

沿着古老的絲綢之路，馬可‧波羅跟隨父親長途跋涉，終於來到夢想中的東方國度。

馬可‧波羅受到元太祖忽必烈的熱情款待，被派到許多地方考察風俗人情，他對杭州印象最深，稱其為「Heaven City」。

給你們介紹一位「有文化的漂亮姑娘」。

馬可·波羅站在西湖邊上，盡情謳歌西湖生活的賞心樂事，「我看到了世界上最華貴、最美麗的城市……城內有大湖，沿湖有華麗精美的宮殿……」這些讚美，讓歐洲人心馳神往。

今天的西子湖畔，豎立着馬可·波羅的銅像。這位金髮碧眼的異邦遊子，手拿羽毛筆，似乎仍在記錄着他對這一泓碧水的痴痴迷戀。西湖作為「有文化的漂亮姑娘」，早在馬可·波羅迷上它前，至少從8世紀開始，就已讓中國各階層的人士魂牽夢繞。現在，每天都有成千上萬的遊客從世界各地來到杭州，吸引他們不遠萬里而來的，當然是西湖的獨特魅力。

皇家畫師西湖寫生

到西湖遊玩，幾乎都會光顧西湖十景。西湖十景各擅其勝，組合在一起又能代表西湖勝景的精華，所以無論杭州本地人還是外地遊客都津津樂道。

可這西湖十景，究竟是誰給起的名字呢？

這就得從南宋說起了。南宋建都臨安（即杭州）後，暫時有了喘息的機會，剛一穩定下來，宋高宗就恢復了設置皇家畫院的傳統。這位皇帝和他的父親宋徽宗一樣，都痴迷書畫，並造詣極高。

畫院恢復後，畫家們創作甚麼題材呢？

當時，上至達官貴人，下至平民百姓，都流連徜徉於美麗的西湖，皇家畫師們的筆墨丹青自然也都給了西湖。畫中，有一株楊柳一株桃的湖堤春色，有「長橋不長、斷橋不斷」的橋頭勝景，有風箏與柳枝在捉迷藏，有遊人信馬由韁的閒趣，有風雅文人和佳人的擦肩邂逅。

按照南宋的傳統，畫家筆下的山水都要有一個富有詩意的名字，而這些名字又要求文字簡潔、一語中的，並讓人過目不忘。

　　畫師們反覆揣摩，為作品撰寫了富有詩意的名字。最終產生了「蘇堤春曉」「曲院風荷」「平湖秋月」「斷橋殘雪」「花港觀魚」「柳浪聞鶯」「三潭印月」「雙峯插雲」「雷峯夕照」「南屏晚鐘」十個名字。

　　由於這些名字起得十分恰當，越叫越響，最後成了大名鼎鼎的「西湖十景」。

　　西湖的美景為皇家畫師們提供了最好的畫材，他們的水墨丹青也讓世人記住了中國歷史上文學藝術與山水實景高度融合的優秀範例。爾後，便是歷朝歷代畫家痴醉於西湖的日子。

　　西湖雲水將東方的畫卷濃塗重抹，讓千年的歲月情醉湖山。

▼ 平湖秋月

▲雷峯夕照

西湖十景中，「斷橋殘雪」與「雷峯夕照」都與一個民間傳說有關，你知道這個傳說嗎？

　　白娘子的故事是中國最美麗的愛情傳說之一。千年白蛇，卻想做個普通的人。為報答許仙的救命之恩，白蛇幻化為美麗的白娘子，終於在西湖斷橋上等到了許仙，和他撐着一把油紙傘，沉醉於春天的湖山。後來，為救許仙性命，白娘子觸犯天條，被金山寺和尚法海收入缽內，鎮壓於西湖雷峯塔下。這段千年情緣為西湖增添了動人色彩。慕名來此的中外遊客探訪斷橋和雷峯塔，欲追尋白娘子的芳蹤。

「花港觀魚」的石碑是乾隆皇帝下江南時所題，其中的「魚」字，原本寫法是四點，代表火，乾隆改為三點，代表水，寓意國家風調雨順。

「魚」字為甚麼少寫一點？

▲斷橋殘雪

一首詞引發的戰爭

　　有些人初次來到西湖，往往會有舊夢重温的感覺。之所以產生這種感覺，是因為他們早已在描寫西湖的作品裏，或深或淺地認識了西湖。

　　西湖得到了歷代文人雅士筆墨的滋養。從毛筆書寫的時代，到鋼筆書寫的時代，再到鍵盤書寫的時代，千年的才情熬成誘人的芬芳，可以說，「西湖」已經是中國人脣齒間最美好的詞彙之一。

　　因為美得不可方物，西湖還曾招惹過戰爭。北宋的柳永，是我們都熟悉的詞人，他的那首《望海潮》將西湖的繁華旖旎盡留紙間，而其中「三秋桂子，十里荷花」一句，更是動人心魄。若干年後，這首詞就傳到了北方金國皇帝完顏亮的耳朵裏。完顏亮禁不住怦然心動，立即派畫工潛入南宋，幫其繪製一幅西湖山水圖帶回來……而等他終於見到這幅畫時，他發現西湖比他想像的還要美。

為了西湖，我要得到杭州！

西湖十景之「曲院風荷」。南宋時，這裏設有宮廷酒坊，湖面種植荷花。夏日清風徐來，荷香與酒香讓遊人沉醉。

完顏亮立即命人將西湖畫作裱成屏風，並興致勃勃地題詩一首：「萬里車書盡混同，江南豈有別疆封？提兵百萬西湖上，立馬吳山第一峯。」

這首詩，其實也是他的戰書，於是金宋兩國的和平再次被打破。

完顏亮馳騁疆場，一心想把西湖據為己有。誰知天不遂人願，後方皇室政變，他本人也在戰亂中被殺，始終未能見到西湖的十里荷花。

如果說這場戰爭是因為柳永這句「三秋桂子，十里荷花」而引起，那也許言過其實了。但這首詞引發了完顏亮對西湖的無限嚮往，那是完全有可能的。不僅完顏亮，世人都很難抵得住西湖的誘惑，它就像掛在江南胸前的一塊溫潤美玉，讓你渴望詩意地棲居在它身旁。

漫步西湖一·西湖四季

　　西湖之美，四季兼擅。陽春三月，草長鶯飛，青黛含翠；夏日裏，荷花接天蓮碧；秋夜中，桂子飄香；冬雪後，紅梅疏影橫斜──不同的季節來西湖，會感受到不同的驚喜。

春

_____

_____

_____

_____

_____

秋

_____

_____

_____

_____

_____

請為西湖的四季各推薦一首你最喜歡的描寫西湖的詩詞吧！你為甚麼喜歡這些詩詞呢？

夏

_____

_____

_____

_____

_____

冬

_____

_____

_____

_____

_____

西湖也是「人造美女」?

「水利工程師」白居易

　　我們熟悉的白居易,是《長恨歌》的作者,是名垂千古的一流大詩人。其實,白居易不光會寫詩,他還是個優秀的水利工程師!

　　822 年,年過半百的白居易來到美麗的杭州任刺史。剛到任,白居易就迫不及待地去考察西湖。

　　要知道,1000 多年以前的西湖,和我們今天見到的,可不大一樣。一下大雨,湖水就溢出來;久旱不雨呢,湖水又乾涸。事實上,根據地質學家的考察,在秦代時西湖是一個淺淺的海灣,後來形成潟湖,如果不治理,它可能早就萎縮了。

　　為整治西湖,白居易主持了一項為時三年的水利工程。他首先疏通的是李泌 40 年前開鑿的六井,然後是築建湖堤。

原來,白大人不光會寫詩!

白居易研究了堤壩的功用，包括放水、蓄水和保護堤壩的方法。白居易對西湖管理十分嚴格，有的人在西湖上面蓋庭院，有的人砍了白沙堤的樹，都會被罰種樹。（白居易的辦法，你覺得怎麼樣？）

　　卸任時，白居易為杭州人民留下一湖清水，一道芳堤，還有提到杭州的 18 首詩。

　　白居易當年築建的湖堤如今已找不到了，但為紀念他對西湖的貢獻，人們便將斷橋所在的白沙堤稱為白堤，希望這位詩人在美麗的白堤上作千載勾留。

最愛湖東行不足，
綠楊陰裏白沙堤。
——白居易

蘇東坡的奇思妙想

1090 年，西湖又迎來了它歷史上的另一位「貴人」──蘇東坡。

酷愛大自然美景的大詩人蘇東坡剛到任，就發現了西湖存在的問題。當時的居民這樣估計，再過 20 年，就要沒有西湖了。蘇東坡立即向皇帝打報告，從西湖之水有利於漁業、民飲、灌田、航運、釀酒五方面闡述了西湖不可廢的理由，請求朝廷撥款治理。蘇東坡的報告中有個著名的比喻：西湖對於杭州，如眼睛對於人。

> 這個蘇軾，真會寫申請，好，朕同意撥款給他，但他必須答應朕，要讓西湖變得更漂亮！

蘇東坡的比喻打動了皇帝，朝廷決定支持他浚治西湖。蘇東坡親自邀請有經驗的人士到西湖實地勘察，做出西湖浚治計劃，並帶領 20 萬百姓浚湖挖泥，築成一道長堤，沿堤種上花木，湖中種植菱角、荷花，後人稱之為「蘇堤」。

▼蘇堤

蘇東坡發揮奇思妙想，把西湖的淤泥雜草派上了最佳的用場，形成了西湖十景之首的「蘇堤春曉」，這在西湖風光的演變中是一項創造性的完善。世間許多所謂的棄物都有可能派上新用場啊！

把浚湖所挖出的淤泥雜草築成一道長堤吧！非是不堪為器用，都因良匠未留心！

天 + 人 = ?

對比800年前的西湖，你覺得西湖保養得怎麼樣？

西湖的蘇堤、楊公堤、湖心亭、三潭印月、阮公墩，都是古人疏浚工程的成果，是將實際功能和審美趣味結合得天衣無縫的作品。

◀湖心亭

◀阮公墩，西湖著名三島之一。據記載，清代巡撫阮元疏浚西湖，將浚湖挖的淤泥集中堆疊成島。島外碧波粼粼，島上草木蔥蔥，稱為「阮墩環碧」

白居易、蘇東坡開闢了西湖詩意浚治的傳統。明代、清代的官員紛紛效仿白、蘇，跟上級打報告，帶領百姓疏浚西湖，用無與倫比的創造精神，使疏浚工程同時成為營造景觀的工程，最終將西湖變成我國最具魅力和影響力的景觀湖泊，譜寫了一首人與自然親密交融、和諧互動的光輝史詩。

清中葉以後，隨着國勢衰微，保護不力，西湖日益「憔悴」，水域面積成倍縮小。清代中期至中華人民共和國成立時，西湖水深只有 0.55 米，大部分湖面被淤泥淹埋，西湖水系遭到極大的破壞。西湖全景難覓，人們只能在湖上欣賞湖光山色，卻無緣蕩舟山間尋幽覓勝。

中華人民共和國成立後，國家對西湖進行全面的清淤治理，通過引水、美化、造景的綜合整治，重現了「一湖、二塔、三島、三堤」的西湖全景，恢復了碧波蕩漾、桃紅柳綠的天堂美景。西湖綜合保護工程中，重中之重就是「西湖西進」工程。

在數平方公里的範圍內疏浚整治溪澗、規劃建設景點、種植移栽花木……工程量之大、涉及面之廣，為歷次西湖整治所罕見。「西湖西進」完成後，西湖景觀更加豐富、更具層次感，廣大市民和中外遊客可以更好地親近西湖、感受西湖，真正體會到步移景異、曲徑通幽的感覺。

西湖的「姐妹倆」為甚麼衰老了？

自唐以來，杭州周圍許多比西湖面積大得多的湖泊都逐漸荒廢，唯有西湖留存了下來。

漫步西湖二·天人合一

五代十國時期，吳越王錢鏐定都杭州，有術士勸他，若填平西湖，則國運昌盛。錢鏐聽後哈哈大笑說，西湖聞名天下，杭州百姓也依賴它，如果填平西湖，還當甚麼國王啊！

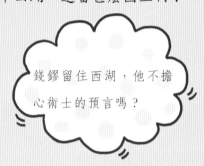

錢鏐留住西湖，他不擔心術士的預言嗎？

填了西湖，豈不是讓我去做一個無水之國的國王？

填平西湖，國運昌盛！

都說西湖是天人合一的完美呈現，那麼究竟該怎樣理解這「天人合一」呢？✏️

岸邊的浪漫

種梅花，養仙鶴，每個人都有自己嚮往的生活方式。

美麗的西湖，浪漫故事太多，密得就像水畔的柳簾，多得就像綻開的柳花，隨便一「摘」都是西湖的典故。

梅妻鶴子多閒適

宋代有一位隱士名叫林逋，他才華橫溢，聲名遠播，卻淡泊名利。他隱居西湖孤山上，與梅花、仙鶴相伴，過着恬然自樂的生活。

林逋在西湖邊上種梅、賞梅、賣梅，據

今天教你一首詠梅詩，寫詩的人不光有文采，而且品性高潔。

眾芳搖落獨暄妍，
占盡風情向小園。
疏影橫斜水清淺，
暗香浮動月黃昏。
霜禽欲下先偷眼，
粉蝶如知合斷魂。
幸有微吟可相狎，
不須檀板共金尊。

「疏影橫斜水清淺，暗香浮動月黃昏」，此句是詠梅的千古絕唱。林逋的好友蘇東坡就拿這首詩做教材，讓兒子學習如何詠物抒懷。

說他一共種梅 365 棵，花可觀，也可售。他把每一棵梅樹的收入都包進一個小包，總共 365 包，全都放進瓦罐裏，每天取一包，一年都夠用。

從花蕾如豆到梅子成熟，林逋終年與梅花為伴，就是在一簇簇花叢中，他寫下了一篇篇吟詠梅花的詩篇，其中最為著名的句子便是：「疏影橫斜水清淺，暗香浮動月黃昏。」

林逋隱居西湖孤山，並非不受皇帝重用。相反，當朝的皇帝宋真宗還曾慕名請他去給太子教書。教書育人，而且還是教育皇子，很多人都不會拒絕這樣的機會，但林逋竟然毫不動心，並對勸他就職的友人說：「榮顯，虛名也。供職，危事也。怎及兩峯尊嚴而聳列，一湖澄碧而畫中。」

孤山外不遠就是繁華如夢的杭州城，柔風暖雨的嫵媚、醇酒美人的奢華，有幾個凡人能抗拒這樣的誘惑？林逋卻能隱居西湖孤山，不為所動。

文人墨客仰慕林逋的才情和超脫，常來拜訪。

林逋就特地養了一隻白鶴，有客來訪，童子放鶴，懂事的鶴自會飛到西湖上空，鳴叫着尋找主人的蹤影。林逋聽見鶴唳，便知道家裏來了客人。傳說，林逋去世後，這隻鶴在墓前悲鳴而死。後人在林逋墓塚周圍遍植梅林，並立碑紀念，從而形成西湖景觀之一的「梅林歸鶴」。

最有名的同窗

說起中國最有名的同窗，梁山伯與祝英台一定是榜上有名。

梁祝故事中「三年同窗」「十八相送」的浪漫情節早已是家喻戶曉，梁祝故事裏這些最美好的段落，是留給西湖的。

故事是這樣開始的，一個叫祝英台的女孩聰明好學，她非常想去學校讀書，可當時的女子不能進學堂，這怎麼辦呢？父母禁不住她苦苦哀求，只好答應她女扮男裝去上學。在書院，祝英台遇見了一個叫梁山伯的男同學，學問出眾，人品也十分優秀。後來，兩人結拜為兄弟，情深似海。

同窗共讀整三年，即將各奔東西。十八里路依依惜別，祝英台袒露了少女的心跡，但忠厚淳樸的梁山伯不解其中奧妙。

後來經師母點撥，梁山伯恍然大悟，才知道英台原來是女孩。他連忙趕去英台家提親，卻遭到英台父母嚴詞拒絕。思念加上絕望，梁山伯最後一病不起，含恨而終。英台知道山伯去世，悲痛欲絕，不久也離世了。傳說，

梁祝後來化為彩蝶，在人間翩躚起舞，永不分離。

梁祝同窗共讀的書院在哪裏呢？就是西湖邊上的萬松書院。

萬松書院是當時杭州最有名的書院。梁祝在這裏同窗共讀三年，分別時，沿着長長的鳳凰山古道送別。美麗的傳說使肅穆的書院有了動人的温馨，書院使傳說中的故事有了真實的背景。

古人喜歡把書院建在環境清幽、山色秀麗的地方，萬松書院作為明清時期杭州最大的書院，就坐落在西湖的萬松嶺。

▲萬松書院內景

萬松書院培養了很多頗具名望的人才，「隨園主人」袁枚就曾在此就讀。他的《所見》是我們非常熟悉的作品。

牧童騎黃牛，
歌聲振林樾。
意欲捕鳴蟬，
忽然閉口立。
——袁枚

25

西湖的俠骨柔情

著名詩人裴多菲曾說：「生命誠可貴，愛情價更高，若為自由故，二者皆可拋。」

如果說西湖的白娘子為了愛情，敢於拋棄生命，替許仙去盜仙草；那麼，長眠在西湖的歷史名人們則演出了一幕幕悲壯的歷史劇。走在西湖邊上，教材上平面化的他們就會立體地展現出來。

歷史上著名的愛國英雄，如「精忠報國」的岳飛、「粉骨碎身渾不怕，要留清白在人間」的于謙、「秋風秋雨愁煞人」的鑒湖女俠秋瑾等都埋骨西子湖畔。

他們永遠是西湖歷史人文中閃光的靈魂。他們的命運也有許多相似之處：都是奮不顧身地想扛起重大的使命。他們不僅使西湖山水生色，並且為西湖增添了義和志，你還覺得西湖僅僅是秀美嗎？

西湖畔英姿颯爽的鑒湖女俠——秋瑾漢白玉全身塑像。墓上刻有孫中山先生的親筆題詞——巾幗英雄。

岳飛十五六歲時要去參軍。臨行前，岳母拿起繡花針，在岳飛背上刺下「精忠報國」四個字，並對岳飛說：「你一生的志向就在這四個字裏面了，我的期望也在裏面了。」

你的父母對你有甚麼期望？

在杭州西湖北山棲霞嶺南麓埋葬着英雄岳飛，一副聯刻在岳飛墓的墓闕上：青山有幸埋忠骨，白鐵無辜鑄佞臣。

▼ 油炸檜兒

▲岳王廟的奸臣跪像

岳飛保家衞國、收復河山。但由於秦檜的讒言，在前方作戰的岳飛被召回杭州以「莫須有」的罪名被處死。

後人修建岳王廟，廟前跪着秦檜等人。百姓為了表達自己的憤怒，還把一種糕點叫作「油炸檜兒」，期望通過這種象徵性的方式把秦檜「油炸」了。

漂洋過海西湖夢

▶ 這兩座橋有沒有相似處？

西湖也有盜版？

　　這兩幅圖中的橋都取名「錦帶橋」，一座在杭州西湖，另外一座在日本岩國市。

　　它們為甚麼名字相同、造型相似呢？

　　話說 1673 年，日本岩國第三代藩主吉川廣嘉嘗試在錦川河上建橋。此前，歷代藩主都曾嘗試過，但橋屢屢被颱風洪水沖毀，給人們的生活帶來很多不便。吉川正為造橋一事愁眉不展之際，恰逢杭州高

▲ 問題出在哪兒？

僧獨立禪師應邀東渡到日本傳經。兩人結為好友，獨立禪師將《西湖遊覽志》介紹給吉川。看到這本書，吉川高興極了。

原來，在圖文並茂的《西湖遊覽志》中，呈現了姿態優雅的西湖錦帶橋以及杭州許多優美建築，這為岩國的橋樑設計師提供了靈感。他們便以杭州西湖白堤上的錦帶橋為模型，幾經嘗試，終於建造了這座五段拱橋，並也取名「錦帶」。日本錦帶橋跨度 27.5 米，全長 193.3 米，寬 5 米。這裏不但木橋優美，兩岸的風光也非常漂亮，春天到來的時候，櫻花滿樹，流芳異彩。

兩座錦帶橋是杭州、岩國兩市的友誼之橋，是中日兩國人民傳統科技和歷史文化交流源遠流長的象徵。

▲ 推薦你一本書——《西湖遊覽志》，看看有沒有幫助　　　　▲ 有靈感啦！

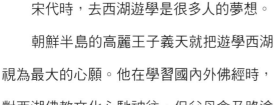
高麗王子西湖遊學

如果有機會去外地遊學，你想去哪裏？

宋代時，去西湖遊學是很多人的夢想。

朝鮮半島的高麗王子義天就把遊學西湖視為最大的心願。他在學習國內外佛經時，對西湖佛教文化心馳神往，但父母念及路途迢迢，多次拒絕他的請求。年復一年的等待，義天終於按捺不住，他來到中國，沿汴河、淮河而下，經揚州、蘇州，在九月下旬的微涼中，終於踏上杭州的土地。

高麗王子來到中國當然要好好接待。宋代皇帝派大臣楊傑陪高麗王子訪龍井寺，參拜辯才法師。辯才法師在歷史上佳話很多，他是蘇東坡的知己，兩個人常常在西湖上以茶參禪，寄情山水，坐而論道。

參拜辯才法師讓高麗王子獲益匪淺，他遍遊龍井寺內八景，喝龍井茶，品龍井泉，不遠千山萬水來西湖遊學的艱辛也一掃而空。

西湖一帶的佛教文化由來已久。著名的靈隱寺、天竺寺等寺廟早在4世紀就已建立，宋代時達到鼎盛，對周邊國家、地區產生了重要影響。靈隱寺很有名，除了因為它位處風光旖旎的西子湖畔外，另一個重要的原因是這裏曾經出了個「濟公和尚」，他舉止似痴若狂，卻專管人間不平事，深受老百姓愛戴。

日本還有哪些建築與西湖有關？

廣島有一處國家級名勝，叫作縮景園，算是一個象徵古代貴族生活的庭園。其模仿西湖而建，因將西湖美景濃縮於此，故命名為縮景園。

馬爾智的蜜月日記

　　美國國家博物館下屬的弗利爾美術館收藏了一本 2.6 萬字的西湖蜜月日記。

　　1925 年的某一天，天氣晴朗、陽光充沛，臨近西湖的某棟房子裏，前來度蜜月的美國藝術史學者馬爾智看上去十分快樂。他柔美可愛的年輕妻子多蘿西正伏在他的膝蓋上，兩人相視而笑，說不盡的甜蜜和愜意。

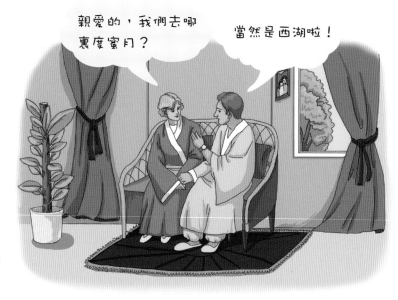

蘇堤、保俶塔、三潭印月、湖心亭、虎跑泉、韜光寺、龍井寺……但凡叫得出名的景點，他們幾乎走遍了。

除了逛街、吃飯、購物、拍照，新婚丈夫馬爾智還寫下了 2.6 萬字的蜜月日記，這位藝術史學者面對旖旎西湖，情不自禁地寫道：西湖是世界上最好的度蜜月的地方！

在蜜月日記中，馬爾智還記載了和多蘿西在杭州選購火腿、布料、油紙傘的細節，瑣碎而甜蜜。他們最喜歡逛的地方是杭州舒蓮記扇莊，除了為自己購置了六把扇子，還買了許多扇子作為回國的禮物。

其實，把西湖當作蜜月聖地，在當時的歐美人中幾乎成了一種時尚，就像現在的新婚夫婦湧向峇里島和馬爾代夫。馬爾智夫婦只是其中非常普通的一對。

西湖博覽會的往事與新聞

1929 年 6 月上旬的一天，西湖近代歷史上的一件大事——西湖博覽會，以國內前所未有的規模隆重開幕。

這場經濟與文化狂歡的盛事熱烈到甚麼地步呢？你恐怕很難想像。

博覽會設在包括斷橋、岳王廟在內的西湖最美地段。一時間，京劇、歌舞、音樂、電影、雜技、跑驢、交際舞、新式遊藝，熱鬧非凡。京劇大師梅蘭芳也深夜趕到，演出《貴妃醉酒》，一曲唱罷，東方既白。

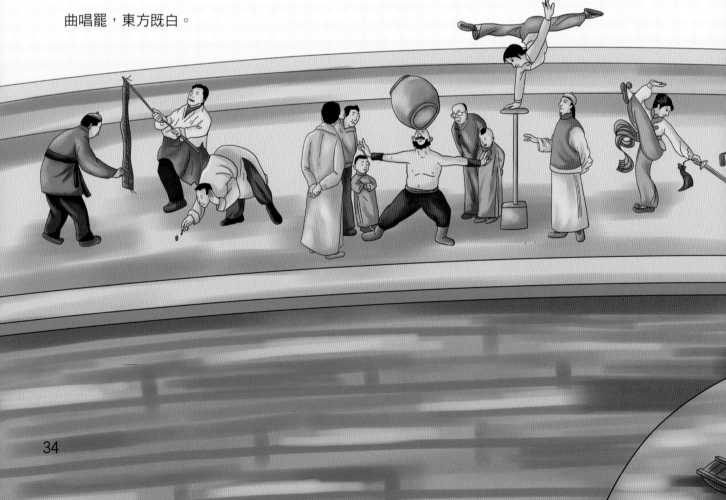

西湖博覽會共設八館，即革命紀念館、博物館、藝術館、農業館、教育館、衛生館、絲綢館、工業館。博覽會歷時四個多月，展出了全國各地及海外的 14 餘萬件物品，許多國際友人、海外商人和華僑團體紛紛前來參展、洽談業務。

如果你是香水企業家，你會怎麼在展會上做廣告呢？ 1929 年的西湖博覽會上，有人在西湖孤山設一噴泉，噴灑他的「無敵牌」花露水，香飄數里。女士們將噴泉圍得水泄不通，都要沾一點花露水的香氣而去。這個廣告可做大了。

當年西湖博覽會期間，還推出了電報

香！
好香啊！

跑驢場，真有想像力！

服務，一個字兩分錢。當時很多市民都通過這個新奇的玩意給自己的親朋好友發去電報。

有趣的是，西湖博覽會還借鑒了西方娛樂形式——跑馬。杭州地方小，跑馬不行，跑驢還是可以的！

迎送了 70 多年的晨昏寒暑，2000 年，當三秋桂子飄散出濃郁芬芳的時候，新世紀的西湖博覽會經過周密的準備，又一次拉開了序幕。

新一屆西湖博覽會承接了當年的西湖夢、民族夢，但又不是第一屆西湖博覽會的簡單延續，觀潮節、遊船節、菊花節、藝術節、煙花節、動漫節等更精彩的節目紛紛被納入。

2000 年以來，西湖每年都會舉辦博覽會。

如今的西湖博覽會，已經成為西湖走向世界、讓世界了解西湖的一個重要窗口。

申遺功臣：乾隆版「西湖攻略」

去西湖前，你會先做個攻略嗎？

別以為這是現代人的興趣，愛好旅遊的乾隆皇帝也喜歡做攻略。

乾隆第五次下江南時，特別請了著名畫家關槐，畫下了一幅《大清乾隆朝西湖行宮圖》。可以說，這是一幅專門為乾隆私人訂製的西湖旅遊攻略。關槐原籍杭州，對西湖很熟悉，他圍繞西湖一圈，畫了最核心、最精華的景點，比如曲院風荷、蘇堤春曉、雷峯夕照等。出於細節考慮，在景點和景點之間，他還標註了詳細的路程距離。

如今，這份攻略從使用價值來看，恐怕已年久失效，因為西湖增添了很多新景致，按圖索驥，可能會迷路。雖然使用價值失效，但它的文物價值卻飆升。在西湖申遺過程中，它立下汗馬功勞，堪稱一個特別的功臣。

申遺需要國際機構認可，但對外國人來說，西湖如果只以自然景觀論，並沒有甚麼特別的優勢。比如申遺成功前，國際古跡遺址理事會前協調員尤嘎‧尤基萊特

有了西湖攻略，朕就能暢遊了！

漂亮湖泊多的是！

漂亮又有文化？那太難得啦！

先生來杭州，第一次看到西湖，就淡淡地說了句：「像西湖這樣風景優美的湖泊，在我的祖國芬蘭有成百上千。」

　　拿甚麼來證明西湖是個「有文化的漂亮姑娘」呢？這份乾隆「西湖攻略」無疑大派用場，是個有力證據。

2011 年，世界遺產大會上，「杭州西湖文化景觀」列入《世界遺產名錄》，申遺文本是這樣定義它的：「十個多世紀以來，中國傳統文化精英的精神家園，是中國各階層人們世代嚮往的人間天堂，是中國歷史最久、影響最大的文化名湖，曾對 9 至 18 世紀東亞地區的文化產生廣泛影響。」

你覺得貼切嗎？

漫步西湖三·讓美延續下去

世界遺產稱號可不是「終身制」的。如果保護不力，則進入《瀕危世界遺產名錄》，相當於被罰了一張「黃牌」，如不能在規定期限內整改，則將從《世界遺產名錄》上除名，等於被罰了一張「紅牌」。

杭州市政府提出「六個不」：

還湖於民的目標　不　改變；

門票　不　漲價；

博物館　不　收費；

土地　不　出讓；

文物　不　破壞；

公共資源　不　侵佔。

你還有甚麼好建議？

沒有歷代的浚治，西湖就沒有今天的「淡妝濃抹總相宜」。將西湖之美延續給後代是一件沒有句號的事。

　　如果你願意，請在下面的留言板上，留下一句對西湖的美好祝福，代表你的心語心願吧！

我的家在中國・湖海之旅④

人文風景魔法盒 | 西湖

檀傳寶◎主編　陳苗苗◎編著

責任編輯：梁潔瑩
裝幀設計：龐雅美
排　版：時潔
印　務：劉漢舉

出版 / 中華教育

香港北角英皇道 499 號北角工業大廈 1 樓 B
電話：（852）2137 2338
傳真：（852）2713 8202
電子郵件：info@chunghwabook.com.hk
網址：https://www.chunghwabook.com.hk/

發行 / 香港聯合書刊物流有限公司

香港新界荃灣德士古道 220-248 號
荃灣工業中心 16 樓
電話：（852）2150 2100
傳真：（852）2407 3062
電子郵件：info@suplogistics.com.hk

印刷 / 美雅印刷製本有限公司

香港觀塘榮業街 6 號
海濱工業大廈 4 樓 A 室

版次 / 2021 年 3 月第 1 版第 1 次印刷
©2021 中華教育

規格 / 16 開（265 mm x 210 mm）